Andrea Fischer

Unterrichtseinheit: Palindrome

GRIN Verlag

Bibliografische Information der Deutschen Nationalbibliothek:

Die Deutsche Bibliothek verzeichnet diese Publikation in der Deutschen National-
bibliografie; detaillierte bibliografische Daten sind im Internet über http://dnb.d-
nb.de/ abrufbar.

Impressum:

Copyright © 2006 GRIN Verlag GmbH
Druck und Bindung: Books on Demand GmbH, Norderstedt Germany
ISBN: 978-3-640-16604-6

Dieses Buch bei GRIN:

http://www.grin.com/de/e-book/114140/unterrichtseinheit-palindrome

GRIN - Your knowledge has value

Der GRIN Verlag publiziert seit 1998 wissenschaftliche Arbeiten von Studenten, Hochschullehrern und anderen Akademikern als eBook und gedrucktes Buch. Die Verlagswebsite www.grin.com ist die ideale Plattform zur Veröffentlichung von Hausarbeiten, Abschlussarbeiten, wissenschaftlichen Aufsätzen, Dissertationen und Fachbüchern.

Besuchen Sie uns im Internet:

http://www.grin.com/

http://www.facebook.com/grincom

http://www.twitter.com/grin_com

Andrea Fischer
1.LAP:2005/I
DO:

Studienseminar für das Lehramt an
Grund- und Hauptschulen:
Seminarrektorin:
Seminarjahr 2005/2006

3. Unterrichtsvorbereitung
2. Stunde

Fach/ Bereich	Jgst.	Thema	Anmerkung
Heimat- und Sachunterricht Sozialkunde	4	Gefühle erkennen und mitteilen	Didaktikfach Ohne Seminar Schriftl. Ausarbeitung
Mathematik- Rechnen	**3**	**Palindrome**	**Didaktikfach Ohne Seminar**

Abgabe: 30.05.2006
Vorführung: 31.05.2006
Zeit: 09:50 – 10:35 Uhr
Ort:
Klassenleitung:
Schülerzahl: 26

Datum: _____   _____

                                                 Unterschrift LAA

1. Zur Sache

1.1 Wie ist die Sache legitimiert?

Im Lehrplan für die bayerische Grundschule 2000 für die 3. Jahrgangsstufe findet man im Bereich Mathematik den Teilbereich *3.3 Rechnen*. Die Schüler sollen ihr Verständnis für die Addition vertiefen und das schriftliche Additionsverfahren rasch und sicher ausführen. Speziell im Punkt *3.3.1 Addition und Subtraktion* wird das Schriftliche Rechnen betont. Die Schüler sollen das Verfahren der schriftlichen Addition entwickeln, begründen und beherrschen. Palindrome können dazu, auf spielerische Art und Weise, einen wichtigen Beitrag leisten.
Einzuordnen ist das Thema aber auch unter dem Punkt *3.2 Zahlen,* speziell unter *3.2.2 Zahlen und Rechenausdrücke bis 1000 vergleichen und ordnen.* Hier wird der Aspekt des spielerischen Umgangs mit Zahlen explizit genannt. [1]

1.2 Sachanalyse

Das Wort „Palindrome" stammt aus dem Griechischen und bedeutet soviel wie „rückwärts laufend". Meist sind hier Wörter oder Sätze gemeint, die von vorne und hinten gelesen gleich bleiben (z.B. Rentner), oder zumindest rückwärts gelesen einen Sinn ergeben (z.B. Lager – Regal).
Neben Palindromen von Wörtern existieren auch Musik- und Zahlenpalindrome. Bei letzteren hat die Zahl, egal ob vorwärts oder rückwärts gelesen, den gleichen Wert (z. B. 2442). [2]
Nimmt man eine beliebige Zahl, z.B. 83 und addiert dazu die Ziffer in umgekehrter Reihenfolge (38) erhält man ein Palindrom (121). Diese Addition mit der umgekehrten Ausgangszahl führt fast immer, zumindest nach einigem Addieren, zu einer Palindromzahl (s.u.).

356
+ 653
———
1009
+ 9001
———
10010
+01001
———
11011

Bei einigen Zahlen führt dies allerdings sehr weit, z.B. bei 89 bis zum Palindrom 8813200023188.
Die Zahl 196 ist die kleinste Zahl, bei der es bisher nicht gelungen ist, ein Palindrom zu erzeugen. Insgesamt stellt sich bei ca. 97,5% der Zahlen bis 1000 der Erfolg sehr schnell ein. Nur 2,5% der Zahlen sind etwas „hartnäckig" (196, 295, 394, usw.) [3]

---

[1] Lehrplan für die Grundschule in Bayern, 2000, S. 186
[2] http://de.wikipedia.org/wiki/Palindrom
[3] http://www.haw-hamburg.de/rzbt/dankert/Palindrom/Zahlen-Palindrome/zahlen-palindrome.html

2. Der Schüler

2.1 Klassensituation

Die Klassensituation ist seit dem letzten Besuch weitgehend gleich geblieben. XY wurde auf LRS getestet, was aber nicht bestätigt werden konnte. Voraussichtlich wechselt er zum nächsten Schuljahr in die Privatschule.
Die Schüler sind im Moment sehr aufgeregt. Dies liegt zum einen an der Kommunion, dem damit zusammenhängenden Ausflug am Montag und den nahenden Ferien.

2.2 Analyse der Lernvoraussetzungen

In der Woche vom 8. bis 12. Mai hat die Klasse begonnen schriftlich zu addieren. Den meisten fiel diese Art des Rechnens leicht. Durch lange Übungsphasen werden die Schüler zunehmend sicherer.
Im Umgang mit Palindromen haben die Kinder keinerlei Vorwissen aus der Schule, die Technik des schriftlichen Addierens als Voraussetzung für das Rechnen mit Palindromen müssten die meisten Schüler aber bis zu diesem Zeitpunkt weitgehend beherrschen.
Schwierigkeiten haben mit Sicherheit XY und XY1, der aber durchaus zu Leistungen fähig ist, wenn er sich anstrengt.

2.3 Bedeutung des Lerngegenstands für die Schüler

Anhand der Palindrome sollen die Schüler das schriftliche Addieren weiter üben. Für gute Schüler kann der Zahlenraum hier auch erweitert werden.
Die Kinder sollen aber auch erfahren, dass der Umgang mit Zahlen Spaß machen kann. Sie sollen motiviert werden sich spielerisch mit Zahlenphänomenen auseinanderzusetzen und diesen Teil der Mathematik kennen lernen.
Dies lockert den herkömmlichen Mathematikunterricht etwas auf und kann auch schwache Schüler begeistern.

3. Methodisch - didaktischer Kommentar

Die Stunde beginnt mit einer Warmrechenphase, die zugleich einen Teil der Rahmengeschichte darstellt. Durch das Errechnen der Plusaufgaben werden die Schüler auf den Lerngegenstand eingestimmt. Mit jeder gelösten Rechnung öffnet sich ein Tor, bis man das Zauberschloss betreten kann.
Das Thema Zauberer fasziniert Kinder von vornherein, sonst käme es nicht zu den Erfolgen von Harry Potter und anderen.
Nun wird auch der Zauberer Palindro vorgestellt. Der Name soll die Schüler mit dem Namen des Zahlenphänomens vertraut machen, der sonst für die Kinder schwer zu merken wäre.
Palindro hat gestern Zahlen gezaubert, die der Lehrer an die Tafel hängt. Nach einigen Beispielen kommen die Schüler sicher darauf, dass es sich um ganz besondere Zahlen handelt, nämlich um Zahlen, die man von hinten und von vorne lesen kann. In Partnerarbeit sollen die Schüler nun versuchen ebenfalls solche Zahlen zu „zaubern" und auf Wortkarten schreiben, die anschließend an die Tafel gehängt werden.

Erst jetzt, in einer Phase, in der der Lerngegenstand an sich bekannt ist, wird dieser benannt. Palindrom ist ein sehr abstrakter Begriff, mit dem Schüler normalerweise nichts verbinden. In der Stunde wurde der Begriff bereits mit dem Zauberer Palindro verknüpft und mit dem Inhalt des Begriffs. Damit der Inhalt noch einmal wiederholt wird, erklären ihn Schüler erneut.

Die Basis dürfte so jedem klar geworden sein, jetzt erfolgt die Erweiterung. Eine Zahl wird mit ihrer Spiegelzahl addiert, solange, bis ein Palindrom entsteht. Zunächst wird natürlich mit einer Zahl begonnen, die gleich bei der ersten Addition ein Palindrom ergibt.

Durch ein weiteres Beispiel bekommen die Schüler eine Chance, den Trick selbst herauszufinden. Anschließend zaubert Palindro mit einer Zahl, die öfter addiert werden muss. Auch hier sollen die Schüler eine logische Schlussfolgerung ziehen und darauf kommen, dass man öfter addieren muss.

Damit auch das weitgehend allen verständlich wird, wiederholen die Schüler die Vorgehensweise einige Male.

Im Folgenden sollen eigenständig Palindrome durch Addition produziert werden. Die Aufgaben für jede Gruppe sind in einem Zauberhut, damit soll die Rahmengeschichte weitergeführt werden. Die Aufgaben selbst sind in drei, bzw. vier Schwierigkeitsgrade unterschieden. Grün sind die leichtesten Aufgaben, bei ihnen muss nur einmal addiert werden, um zum Palindrom zu gelangen. Gelbe Aufgaben haben einen mittleren Schwierigkeitsgrad, rot ist der schwerste und längste Aufgabentyp. Zusätzlich gibt es noch eine weiße Aufgabe mit roten Blitzen. Sie ist als Herausforderung für die leistungsstarken Schüler gedacht. Zur Lösung ist nicht nur richtiges Rechnen, sondern auch etwas Geduld gefragt.

Die Gruppen sind leistungsheterogen, um gegenseitige Unterstützung zu ermöglichen, dennoch ist es jedem Schüler möglich, Aufgaben entsprechend seinem Leistungsniveau zu wählen. Die Kontrolle ist durch das Umdrehen des Kärtchens möglich. Hier können auch Fehler innerhalb der Addition nachvollzogen werden, weil der gesamte Rechenweg abgebildet ist.

Um das Addieren noch zu vertiefen bekommen die Schüler ein Arbeitsblatt, auf dem die gleiche Rechenweise abgebildet ist, aber Zahlen fehlen. Die Schüler sollen durch Knobeln und dem Wissen über Palindromzahlen die Aufgaben lösen. Der Lehrer kann sich in der Zwischenzeit um die schwächeren Schüler kümmern und mit ihnen gemeinsam die Aufgaben rechnen.

Auch hier gibt es wieder die Möglichkeit zur Selbstkontrolle.

Als Abschluss der Stunde kommt noch einmal Palindro ins Spiel und verteilt als Belohnung kleine Zaubererurkunden.

4. Zielsetzung

Grobziel: Die Schüler sollen den Begriff Palindrom kennen lernen, selbst anwenden und anhand dessen das schriftliche Addieren üben.

Feinziele: Die Schüler sollen:
- den Begriff Palindrom kennen lernen und selbst Palindrome herstellen
- die schriftliche Addition je nach Leistungsstand üben und dadurch Palindrome erzeugen
- ihr Wissen um Palindrome und die schriftliche Addition auf einem Arbeitsblatt sichern und Lücken in den Additionen füllen

5. Einordnung in die Sequenz

1. UE: Einführung der schriftlichen Addition ohne Übergang
2. UE: Schriftliche Addition mit Übergang
3. UE: Üben der schriftlichen Addition
4. UE: Einführung der schriftlichen Subtraktion ohne Übergang
5. UE: Schriftliche Subtraktion mit Übergang
6. UE: Üben der schriftlichen Subtraktion
7. **UE: Üben schriftliche Addition, Palindrome**
8. UE: Einüben beider Verfahren

6. Literatur

- Auer/Hartwig (Hg.), Lehrplankommentar für die bayerische Grundschule, Kl. 3/4, Auer Verlag, Donauwörth, 2003
- http://de.wikipedia.org/wiki/Palindrom
- http://www.haw-hamburg.de/rzbt/dankert/Palindrom/Zahlen-Palindrome/zahlen-palindrome.html
- Lehrplan für die Grundschulen in Bayern, 2000
- Maras u.a., Handbuch für die Unterrichtsgestaltung in der Grundschule, Auer Verlag, 1997, Donauwörth
- Rinkens/Hönisch (Hrsg.), Welt der Zahl 3, Bayern, Schroedel Verlag, Hannover, 2002

7. Unterrichtsverlauf

Artikulation	Unterrichtsverlauf	Medien/Sozialform	Didaktischer Kommentar
Vorbereitungs- und Motivationsphase „Warming up"	L macht TA auf. Bild von einer Burg mit Tor wird sichtbar. → Ss äußern sich Darin steht eine Rechenaufgabe. Wird sie gelöst, kann ein Tor geöffnet werden. Am Ende der Warmrechenphase kann man das Zauberschloss betreten.	Bild, versch. Tore Plenum TA	Das mündliche und schriftliche Addieren soll die Kinder auf die Stunde vorbereiten und ist wichtig zur Addition der Palindrome.
Erarbeitungsphase Erarbeitung Palindromzahl	L: Du hast das Schloss geöffnet. Ob das so eine gute Idee war? Da drinnen wohnt nämlich ein Zauberer, mit dem Namen Palindro. → L hängt BK an Tafel L: Aber keine Sorge, er beschäftigt sich nicht mit Menschenzauber, sondern mit Zahlenzauber. Erst gestern hat er wieder magische Zahlen erschaffen. → L hängt BK an Tafel (wird aus Zauberhut gezogen) → Ss äußern sich frei, finden das Magische dieser Zahl „Man kann diese Zahlen von hinten und von vorne lesen." L: Das war aber ein einfacher Zauber, den Palindro da gemacht hat. Das schaffst du auch mit deinem Partner. Findet weitere magische Zahlen, die wir an die Tafel hängen können.	BK Zauberer BK Palindromzahlen Zauberhut	Palindromzahlen sind an die Erfindung des Zauberers Palindro geknüpft, um den Namen leichter zu vermitteln. Palindromzahlen werden vorgestellt, wobei die Ss selbst auf die Regelmäßigkeiten stoßen sollen.
Übung Palindromzahlen	→ Ss finden in PA weitere Palindromzahlen und schreiben sie auf WK L: Einer der Partner darf nun nach vorne kommen und die magischen Zahlen zu unserem Palindro hängen. → Ss bringen Palindrome an TA L: Palindro war so stolz auf das was er gezaubert hat, dass er es allen erzählen wollte. Auch einen Namen wollte er für seine Erfindung. Und damit jeder weiß, wer diese Zahlen	PA WK TA	Die Ss finden eigenständig Palindromzahlen zur Sicherung des Verständnisses Palindromzahlen werden vorgestellt, Vielfalt soll sichtbar werden.

Themenangabe	entdeckt hat, nannte er sie Palindrome L schreibt Überschrift an TA L: Bestimmt kannst du mir erklären, was ein Palindrom ist! → Ss: Eine Zahl, die man von hinten und von vorne lesen kann.	TA	Fachbegriff wird genannt. Wiederholung des Begriffs zum besseren Verständnis
Erarbeitung Entstehende Palindromzahlen bei der Addition	L: Palindro wurde es aber bald langweilig mit seinen Palindromen. Er versuchte neue Dinge herauszufinden und zählte immer wieder Zahlen zusammen. L hängt Zahlen untereinander an die Tafel (83,38) → Ss äußern sich und nennen Ergebnis (121) L hängt weitere Zahlen untereinander an die Tafel (24,42) → Ss äußern sich wieder und nennen Ergebnis (66) L: Bestimmt kennst du den Trick von Palindro! →Ss: Die Zahlen muss man umdrehen und zusammen zählen, das Ergebnis ist ein Palindrom L: Palindro ist das aber wieder langweilig. Er sucht sich eine größere Zahl L hängt Zahl (173) an Tafel. L: Was glaubst du wird Palindro nun machen? → Ss vermuten, Palindro wird die umgekehrte Zahl addieren S schreibt die umgekehrte Zahl darunter und rechnet aus (544) → Ss: Aber das Ergebnis ist gar kein Palindrom. L: Das Ergebnis stimmt aber. Palindro hat sich schon was einfallen lassen, wie er weiter macht! → Ss: Er zählt noch einmal die umgekehrte Zahl dazu. → S schreibt Zahl an Tafel und addiert (989), es ist wieder eine Palindromzahl. L: Du kannst mir bestimmt noch einmal sagen, wie Palindro das macht! →Ss: Er nimmt eine Zahl, zählt die umgekehrte Zahl dazu, solange bis ein Palindrom entsteht.	TA, BK Plenum TA, BK TA, BK	Weiterführung des Umgangs mit Palindromen, zunächst einfache schriftliche Addition. Ss sollen die Vorgehensweise wieder selbst erkennen. An einem weiteren, etwas schwereren Beispiel sollen die Schüler eine Lösungsmöglichkeit vermuten und ihre Erkenntnisse auf diese erweiterte Aufgabe übertragen. Wiederholung der Vorgehensweise zur Sicherung.

Phase	Verlauf	Medien/Sozialform	Didaktischer Kommentar
Übung schriftliche Addition	L: Jetzt bist du dran mit zaubern. Auf deinem Gruppentisch steht ein Zauberhut. Nimm dir daraus eine Zahl und versuche ein Palindrom herzuzaubern. Die Farben zeigen dir, wie schwer die Aufgabe ist. Denk daran, wie es Palindro gemacht hat. Auf die Rückseite hat er dir ganz klein das Ergebnis hin geschrieben. → Ss rechnen, addieren die Zahlen so lange, bis ein Palindrom entsteht und kontrollieren dann selbst. L beendet Phase mit Gong	GA Zauberhut mit Aufgaben	Ss rechnen eigenständig, Differenzierung erfolgt in 3, bzw. 4 Gruppen nch Farben. Eine Kontrollmöglichkeit ist auf der Rückseite gegeben.
Weiterführung	L: Das hat Palindro wirklich Spaß gemacht. Er schaut nach, was er noch alles in seinem Zauberhut versteckt hat. Oh, was ist denn das? Ein Blatt mit Rechnungen (L zieht Blatt aus dem Hut), aber, ach herrje, da war die Maus dran (Blatt weist Löcher auf). Und nun schwinden auch noch seine Zauberkräfte. Palindro ist verzweifelt. Er hat dir das Blatt mitgebracht, vielleicht kannst du es wieder heil machen. Das Ergebnis ist immer eine Palindromzahl. L teilt Blatt aus, Ss bearbeiten das Blatt in EA und vergleichen mit den Lösungen.	Zauberhut AB	Weiterführung und Sicherung der schriftlichen Addition anhand von Lückenrechnungen, die mit Hilfe des Wissens über Palindrome lösbar sind. Selbstkontrolle durch ein Lösungsblatt.
Ausklang	Palindro ist so froh, dass du ihm geholfen hast. Er ernennt dich zum Nachwuchszauberer und bekommst eine kleine Urkunde.	EA AB / Urkunden	Als Belohnung für die Schüler.

8. Tafelbild

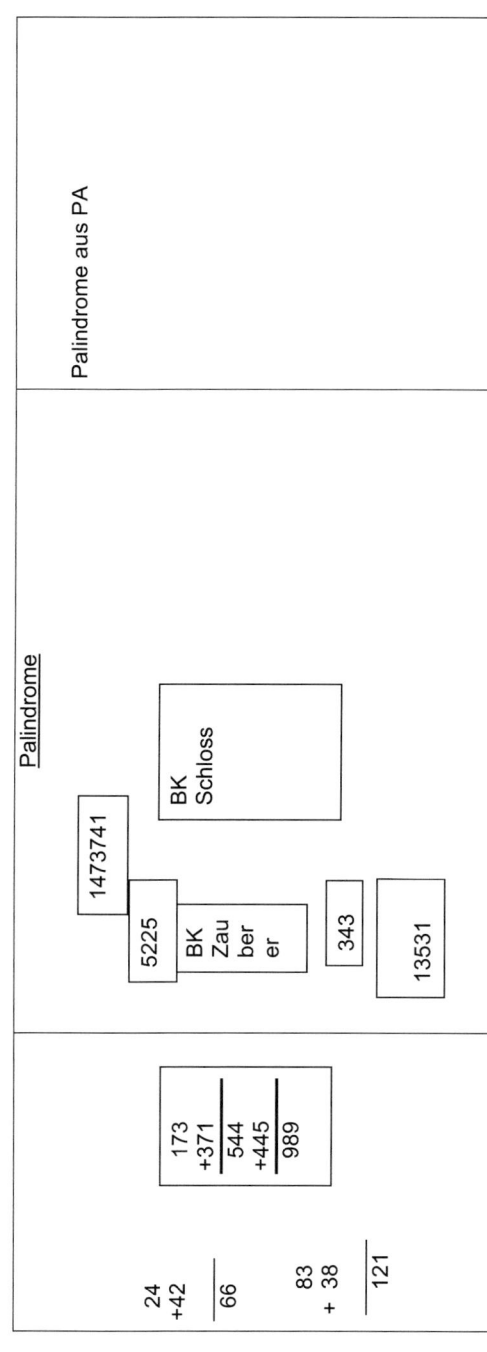

Palindrome

Palindrome aus PA

1473741

5225

BK
Zau
ber
er

BK
Schloss

343

13531

```
 173
+371
 ────
 544
+445
 ────
 989
```

```
 24
+42
 ──
 66
```

```
 83
+ 38
 ───
 121
```

Urkunde

für Nachwuchszauberer

Du hast dir heute das
Recht erworben, mit
Palindromen zu rechnen!

Herzlichen Glückwunsch
Dein Palindro

Urkunde

für Nachwuchszauberer

Du hast dir heute das
Recht erworben, mit
Palindromen zu rechnen!

Herzlichen Glückwunsch
Dein Palindro

Urkunde

für Nachwuchszauberer

Du hast dir heute das
Recht erworben, mit
Palindromen zu rechnen!

Herzlichen Glückwunsch
Dein Palindro

Urkunde

für Nachwuchszauberer

Du hast dir heute das
Recht erworben, mit
Palindromen zu rechnen!

Herzlichen Glückwunsch
Dein Palindro

Urkunde

für Nachwuchszauberer

Du hast dir heute das
Recht erworben, mit
Palindromen zu rechnen!

Herzlichen Glückwunsch
Dein Palindro

Urkunde

für Nachwuchszauberer

Du hast dir heute das
Recht erworben, mit
Palindromen zu rechnen!

Herzlichen Glückwunsch
Dein Palindro

Oh je! Da hat die Maus die Zahlen
weggefressen.
Hilf Palindro sein Blatt wieder
vollständig zu machen!
Das Ergebnis ist immer ein Palindrom.

```
  3 2 •          3 • 3          7 • 4
 +4 • 3         + • 1 •        + • 6 4
 ──────         ───────        ───────
  • 4 •          • 6 9          • 6 •
```

```
  3 • 7          • 6 •          1 3 •
 +2 3 •         +2 7 5         + • 8 8
 ──────         ──────         ───────
  • 8 5          • • 9          • • 4
```

Du bist schon fertig?
Versuche Palindrome herzustellen mit deiner Hausnummer, deinem
Alter und was für Zahlen dir noch einfallen.
Schreibe auf die Rückseite!